绿色家园——环保从我做起

拯救濒危动物

瑾　蔚　编著

大连出版社
DALIAN PUBLISHING HOUSE

© 瑾蔚 2018

图书在版编目（CIP）数据

拯救濒危动物 / 瑾蔚编著. —大连：大连出版社，
2018.6（2024.5 重印）
（绿色家园：环保从我做起）
ISBN 978-7-5505-1341-9

Ⅰ. ①拯… Ⅱ. ①瑾… Ⅲ. ①濒危动物—动物保
护—普及读物 Ⅳ. ①Q111.7-49

中国版本图书馆 CIP 数据核字（2018）第 076107 号

绿色家园——环保从我做起

拯救濒危动物
ZHENGJIU BINWEI DONGWU

WORLD ANIMAL PROTECTION

责任编辑: 金东秀　李玉芝
封面设计: 李亚兵
责任校对: 乔　丽
责任印制: 徐丽红

出版发行者: 大连出版社
　　　　　　地址: 大连市西岗区东北路 161 号
　　　　　　邮编: 116016
　　　　　　电话: 0411-83620573　　0411-83620245
　　　　　　传真: 0411-83610391
　　　　　　网址: http://www.dlmpm.com
　　　　　　邮箱: dlcbs@dlmpm.com
印 刷 者: 永清县晔盛亚胶印有限公司

幅面尺寸: 160 mm × 220 mm
印　　张: 6
字　　数: 90 千字
出版时间: 2018 年 6 月第 1 版
印刷时间: 2024 年 5 月第 4 次印刷
书　　号: ISBN 978-7-5505-1341-9
定　　价: 30.00 元

动物是生态系统的重要组成部分,是大自然赋予人类的宝贵自然资源,也是我们人类的朋友。近年来,由于人口增长与人类活动的扩张,野生动物的栖息环境遭到了极大破坏,它们正面临着各种各样的生存威胁。

我国是濒危动物分布大国,我国境内的大熊猫、金丝猴、东北虎、丹顶鹤等珍稀野生动物都处于濒临灭绝的危险境地,保护濒危动物已变得刻不容缓。

保护濒危动物,不仅关系到维护自然生态平衡,也关系到我们人类的生存与发展,更是衡量一个国家文明程度的重要标志。所以,为了我们共同的生存环境,为了建设更加美好的家园,我们应该行动起来,拯救濒危动物,让动物与我们在同一片蓝天下自由自在地生活。

拯救濒危动物是我们每个人的责任与义务。为了保护野生动物,为了我们自身的健康,我们应该做到不食用野生动物,不购买野生动物制品,及时制止任何伤害野生动物的行为,为拯救濒危动物贡献出自己的一份力量。

目录

1

自然界中的动物

我们居住的地球是一个充满生机的美丽家园，这里不仅有我们人类，还有各种各样的动物，它们以自己独特的方式活跃在地球的各个角落。动物是人类生活不可缺少的一部分，正是有了它们，地球才如此美好与生动。

科学家依次用门、纲、目、科、属、种将动物加以分类，分出40多个门。

🍀 动物的类别

科学家把现存的人类已知的动物分为脊椎动物和无脊椎动物两大类。脊椎动物包括鱼类、爬行类、鸟类、两栖类和哺乳类等。无脊椎动物包括节肢动物、软体动物、扁形动物、环节动物、线形动物等，我们熟悉的蚯蚓、蜗牛、蜘蛛、虾、蟹等都属于无脊椎动物。

🍀 动物在自然界中的作用

首先，动物将植物中的碳水化合物转变为自身能够利用的物质，并通过粪便或遗体释放出二氧化碳，这促进了生态系统的物质循环。其次，动物能够帮助植物传播花粉和种子，这有利于扩大植物的分布范围。

▼ 蜗牛是一种无脊椎动物

食物链

俗话说"大鱼吃小鱼,小鱼吃虾米",这是对食物链最生动的描述,它反映了生态系统中捕食者与被食者的关系。自然界中的物质和能量是沿着食物链流动的,如果食物链中的某一环节出了问题,就会影响整个生态系统。

鱼鹰

白斑狗鱼

鲈鱼

鲌鱼

蚤状钩虾

藻类

▲ 瑞典湖泊生物食物链

食物链的定义

"食物链"一词是英国动物学家埃尔顿于1927年首次提出的。它是指生态系统中各种动植物和微生物之间由于摄食关系而形成的一种联系。因为这种联系就像链条一样,一环扣一环,所以被称为食物链。

生物的角色划分

科学家们根据不同物种在能量和物质运动中所起的作用,将它们归纳为生产者、消费者和分解者三类。生产者主要指绿色植物,消费者主要指的是各种动物,分解者指的是细菌、真菌等微生物。

在自然界中,每种动物并不是只吃一种食物。各种生物由于摄食关系共同形成了一个复杂的食物链网。

❀ 食物链中的恶性循环

如果一种有毒物质被食物链的低等级生物吸收,如被草吸收,兔子吃了草之后,有毒物质就会在它们体内逐渐积累,鹰吃了兔子之后,有毒物质会在鹰体内进一步积累。鹰死亡后尸体腐烂,毒素会随之进入土壤。

鸟吃虫
虫吃草
◀ 食物链
蛇吃鸟
刺猬吃蛇
细菌和真菌分解动植物遗体
虫吃叶子
狐狸吃刺猬
田鼠吃虫
狐狸吃田鼠

❀ 人类自食恶果

很多工业排放物都对人体和自然界有害,这些物质一旦被土壤吸收,就会将毒素输送给植物。动物或者人吃了这些有毒的植物就会产生疾病。人类处在食物链的最顶端,所以污染食物链就等于自杀。

动物的共生关系

生物界不仅存在着环环相扣的食物链，也存在着动物之间相互依存、互利共生的生存关系。无数物种为了生存，和其他物种形成了这种复杂的共生关系，共同构成了一张纵横交织的"共生网"。

什么是共生

共生又叫互利共生，是两种生物彼此互利地生存在一起，缺此失彼都不能很好生存的一类种间关系，是生物之间相互关系的高度发展。这意味着如果互相分离，则两者的生存都会受到极大的影响。

共生进化

科学家研究发现，共生不仅是一种生存战略，还是生物在长期进化过程中形成的产物。这种进化提供了共生双方的任何一方都不能单独产生的物质，带来了任何一方都不能单独产生的效率。

◀ 犀牛和犀牛鸟是共生关系。犀牛鸟为犀牛除去皮肤褶皱中的寄生虫，犀牛则为犀牛鸟提供保护

共生现象

　　自然界中有许多共生现象,如海葵和小丑鱼。小丑鱼居住在海葵的触手之间,能帮海葵除去身上的坏死组织及寄生虫;而海葵带有毒刺的触手也可以保护小丑鱼不被其他鱼类捕食。

▲ 小丑鱼与海葵

　　小丑鱼不怕海葵身上的毒刺,是因为它们身体表面有一种特殊的黏液,能够保护自己不被海葵伤害。

▲ 海葵和寄居蟹是一种共生的关系。海葵附在寄居蟹的壳上,可以寻找到更多的美食;而对于寄居蟹来说,海葵可以保护它免受天敌的伤害

共生网与生态平衡

　　自然界中复杂的共生关系构成了纵横交织的"共生网"。这张网的任何一环脱节,都会影响生态系统本身的调节能力,而导致生态的失衡。

动物与环境

任何生物都需要一个赖以生存的环境来延续生命、繁衍生息，环境对动物的影响是极其重大的。与此同时，动物对环境也有一定的影响。这种影响就存在于我们周围，与我们的生活息息相关。

▼ 猫头鹰是国家二级保护动物。如果猫头鹰灭绝，田鼠便会无限制地繁衍，使庄稼收成下降

大自然的"消费者"

动物在生态系统中处于消费者的地位。它们在消耗有机物和能量的同时也在改变着周围的环境，使大自然呈现出一片欣欣向荣的景象。

动物影响环境

动物可以影响和改变环境。如蚯蚓在土壤里活动，使土壤疏松，空气和水分可以更容易渗入土中，有利于植物生长；其粪便还能够增加土壤的肥力，起到改良土壤的作用。

▲ 麻雀是一种最常见的鸟类

20 世纪 50 年代,我国曾把麻雀作为"四害"来消灭,但在麻雀被捕杀后的几年里,却发生了严重的虫灾。

动物影响植物

动物能够帮助植物传粉,使这些植物顺利地繁殖后代。动物还能帮助植物传播果实和种子,如苍耳果实表面的钩刺挂在动物的皮毛上,能随动物身体的运动被带到远处。

动物影响人类生存与发展

人类与动物生存在同一个环境下,地球上动物的减少,必然会影响人类的生存环境,影响人类生存与发展,甚至严重威胁人类的生存与发展。

▶ 保护物种的多样性就可以维护生态平衡,为人类提供更多选择

动物与人类

人类和动物共同生活在地球上，动物可以称得上是人类的朋友，和人类有着千丝万缕、密不可分的关系。可是近年来，由于人口膨胀、人类经济活动的发展，地球上的一些动物濒临灭绝，这已危及人类的生存。

人类的生活离不开动物

丰富的动物资源是大自然赐给人类的物质宝库。许多动物如牛、羊、鸡等为人类提供了肉、蛋、皮毛等，一些动物还为人类提供了药材，如牛、鹿、麝提供牛黄、鹿茸、麝香等，可见我们的生活离不开动物。

人类从动物身上获得启发，做出了许多有用的发明，如模仿青蛙的电子蛙眼、模仿蝙蝠的盲人探路仪等。

▼ 鸡蛋是一种富含蛋白质的富有营养的食物

🍀动物是人类的好帮手

很早以前，人们就开始驯化动物作为帮手，比如马可以帮忙拉车运输，牛可以耕地，狗可以看家护院。现在，人们则喜欢养一些小动物作为宠物，如狗、猫，它们为我们的生活增添了很多乐趣。

▲ 狗是人类忠实的朋友

🍀人类对动物的影响

随着人类活动的加剧，我们对野生动物的影响也随之不断加深。城市的建设使野生动物的生存环境遭到破坏；人类的捕杀行为使很多野生动物遭到了灭顶之灾。

◀ 动物皮毛制作的大衣

▼ 为了保护野生动物，我国已明确禁止违法猎杀野生动物

🍀保护野生动物

现在，地球上平均不到两年就有一种野生动物灭绝，不少动物也处于灭绝的边缘。物种平衡的破坏使人类生存环境恶化，最终也将导致人类本身遭到巨大的灾难，因此我们应该保护野生动物。

濒危动物

如果有一天，所有野生动物都因为失去赖以生存的环境而消亡，那么这一天也将是人类的末日。然而，人类却误将自己当成大自然的主人，肆意地掠夺、蹂躏大自然，致使许多野生动物的栖息环境被毁，最终走向灭绝。

▲ 蓝鲸是现存动物中体形最大的一种，现在它们的生存也面临着极大威胁

🍀 什么是濒危动物

濒危动物就是那些受到人为或自然等因素影响导致种群数量急剧减少、栖息地丧失、濒临灭绝的动物。这些动物曾经数目众多，但随着生存环境的不断恶化，它们的数目越来越少，正濒临灭绝。

🍀 物种濒危的内在原因

某些种类的野生物种在长期的进化过程中，适应了某种特定的栖息环境而产生了特别的习性，使得自己难以适应急剧变化了的环境或其他环境，最终落得"不适者被淘汰"的结局。

▲ 非洲野犬是一种生活在非洲地区的犬科动物。近年来随着栖息地的减少，它们的数量已越来越少

我国已在全国范围内建立起了 700 多个自然保护区、动物驯养繁殖中心等保护处所。

🍀 物种濒危的外在原因

引起野生动物濒临灭绝的外在原因有：生态环境特别是热带雨林、珊瑚礁、湿地、岛屿等环境的破坏和恶化；人类掠夺性的捕猎；外来物种的影响；栖息环境被毁和食物不足等。

🍀 正在消失的物种

在过去的 5 个世纪里，约有 900 种有记录的动植物从地球上消失，而濒临灭绝的物种现在已经达到了上万种。我国也是濒危动物集聚之地，在我国境内生存的大熊猫、金丝猴等动物，都面临着灭绝危险。

▼ 大熊猫

濒危动物的等级

国际自然保护联盟（IUCN）对特种濒危物种等级有明确的定义，并定期发布《IUCN濒危物种红色名录》。国际自然保护联盟将物种保护级别划分为灭绝、野生灭绝、极危、濒危、易危、近危、低危、数据不足和未评估九个级，其中极危、濒危和易危三个级别统称受威胁等级。

根据我国相关法律法规，我国特产稀有或濒于灭绝的野生动物为一级保护动物；数量较少或有濒于灭绝危险的野生动物为二级保护动物。

灭绝和野生灭绝

当一个生物分类单元的最后一个个体已经死亡，就被列为灭绝；当一个生物分类单元仅生活在人工栽培和人工圈养状态下或者只作为自然化种群（或种群）生活在远离其过去的栖息地的区域，则被列为野生灭绝。

◀ 新西兰鹌鹑在1875年左右灭绝了

极危、濒危和易危

当一个生物分类单元的野生种群灭绝的概率非常高时，列为极危；当一个生物分类单元虽未达到极危，但在可预见的不久的将来，其野生种群灭绝的概率很高，列为濒危；当一个生物分类单元虽未达到极危或濒危标准，但在未来一段时间后其野生种群灭绝概率较高，列为易危。

▲ 三趾树懒被列入国际自然保护联盟 2014 年濒危物种红色名录

近危和低危

当一个生物分类单元未达到极危、濒危或者易危标准，但在未来一段时间后接近或可能符合受威胁等级标准，列为近危；当一个生物分类单元经评估未达到极危、濒危、易危或近危任一等级的标准，列为低危。

▲ 山魈被列入国际自然保护联盟 2008 年濒危物种红色名录

数据不足和未评估

对于一个生物分类单元，若无足够的资料对其灭绝风险进行直接或间接的评估时，可列为数据不足；未应用国际自然保护联盟有关濒危物种标准评估的生物分类单元列为未评估。

▼ 白颈狐猴是排在世界濒危动物名录第一位的野生动物

13

世界濒危动物现状

神奇的大自然孕育了多种多样的动物，组成了一个丰富多彩的世界。在动物世界里，它们也在为自己能够长久生存下去，与大自然的一切威胁进行着斗争。然而，它们的生存却在人类的步步紧逼下变得无能为力。

濒危物种现状

据国际自然保护联盟不完全统计，全世界大约有1000多种野生哺乳动物、1000多种鸟类和20000多种其他野生动植物面临着灭绝的危险，这应该引起我们的关注。

▲ 野生亚洲象种群数量从19世纪早期至今已经下降了97%，而且呈持续下降趋势

濒危野生动物现状

濒危野生动物的现状表现为在野外生存的动物种群数量稀少，而且呈持续下降趋势。大型动物种群个体数量较少，濒危程度高，野生数量减少较快；小型动物种群个体数较多，濒危程度尚低，野生数量减少较慢。

▲ 朱鹮曾经是一种濒临灭绝的鸟类,后来随着人工繁育技术的突破,朱鹮的种群数量现在已发展到 2000 多只

《濒危野生动植物种国际贸易公约》于 1973 年 3 月 3 日在美国华盛顿签署,根据物种濒临灭绝的程度对有关的国际贸易分别予以限制,其目的是保护野生动植物不致由于国际贸易而遭到过度开发利用。

濒危动物保护措施

救护和人工繁殖种群,对那些很难在自然条件下繁衍,或是种类数量已经达不到自然扩大种群的濒危动物而言,是一种有效的保护措施,这为它们的生存和繁衍创造了再生环境。

保护野生种群和个体

濒危野生动物在受到人类活动干扰以前,是以它们各自特有的生存方式来适应自然界的。所以保护濒危动物种群,首先是保护它们的野生种群和个体,满足它们基本的生存需求。

▶ 孟加拉虎又叫印度虎,是目前世界上分布最广的虎亚种。由于人类对环境的过度开发以及非法狩猎等原因,它们的栖息地受到了严重的威胁,野外种群数量大大减少。图为白色的孟加拉虎

中国濒危动物现状

中国地大物博,野生动物物种非常丰富,许多动物都是中国特有的。但由于人类对野生动物的过度捕杀,它们的生存已经变得岌岌可危。近年来,我国人民已经日渐认识到了这个问题,并采取了许多措施来保护动物。

濒危动物分布大国

我国是濒危动物分布大国。据不完全统计,仅列入《濒危野生动植物种国际贸易公约》的原产于中国的濒危动物有 120 多种,列入《中国濒危动物红皮书》的有 400 种,列入各省、自治区、直辖市重点保护野生动物名录的还有成百上千种。

▼ 东北虎是现存世界上最大的猫科动物,分布于我国东北部,已列入国际自然保护联盟 2011 年濒危物种红色名录

▲ 褐马鸡是中国的十大濒危动物之一

我们的反思

过去，由于观念落后和历史上的种种原因，我国曾对境内的野生动物造成了很大伤害。今天，由于环境的恶化、人类的乱捕滥杀，地球上各种野生动物仍面临着各种威胁，这值得我们反思。

我国濒危动物保护措施

我国已建立了数百处濒危动物的自然保护区，并先后出台了《中华人民共和国野生动物保护法》《中华人民共和国陆生野生动物保护实施条例》等一系列法律法规，使相当一部分濒危动物得到了切实保护。

当人们把目光集中在大熊猫、华南虎等大型珍稀动物身上时，一些小型动物如啮齿类、鸟类等却得不到足够重视。

保护濒危动物的意义

濒危动物是一项珍贵的、不可替代的自然资源，在维护生态平衡、促进经济发展、满足人民日益增长的物质和文化需求、发展对外关系、建设社会主义精神文明等方面具有重要意义。

▼ 黑颈鹤是世界上唯一一种高原鹤类，它是俄国探险家普尔热瓦尔斯基于1876年在中国青海湖发现的，被列入国际自然保护联盟2017濒危物种红色名录

生物入侵的后果

一个地区有它固有的生态圈，稳定的食物链网使得生活在其中的每一种生物都能够均衡地发展。一旦有不属于这个食物网的物种进入，就会打破已有的食物链，从而影响整个生态圈。

▲ 在台湾，福寿螺是最有名的入侵物种之一。它们原本是从南美洲引进作为食用的，但因口感不佳而被弃养于水沟，开始大量繁殖，对农作物造成危害

什么是生物入侵

生物入侵是指某种生物从外地自然传入或人为引种后对该地生态系统造成一定危害的现象。生物入侵不仅会导致当地物种变化，还会给生物资源的开发利用造成难以估量的损失。

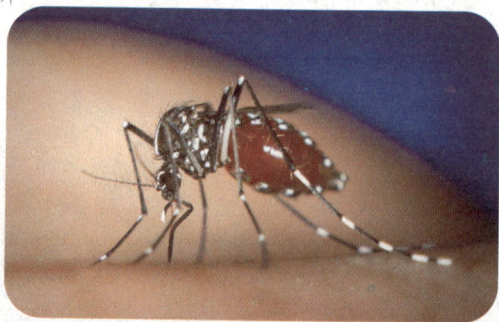

外来物种与我们的日常生活密不可分。我们吃的石榴、核桃、葡萄原产于近东，菠萝原产于巴西。

▲ 亚洲虎蚊与埃及伊蚊同为登革热的病媒蚊。国际自然保护联盟物种生存委员会的入侵物种专家小组（ISSG）将其列为世界百大外来入侵种

🍀 疯狂的水葫芦

水葫芦原产于南美洲，现已被列为世界十大害草之一。20世纪30年代，水葫芦作为畜禽饲料引入中国，却因为繁殖速度极快而迅速蔓延。目前，中国滇池内连绵10平方千米的水面上全部生长着水葫芦，严重影响了滇池的生态系统。

▲ 水葫芦

▶ 兔子

🍀 澳大利亚的"兔灾"

19世纪末，野兔被引入澳大利亚。如今澳大利亚野兔数量多得惊人，它们啃光了当地的草皮，导致土地沙漠化，进而危及袋鼠的生存。

🍀 斑贝入侵美国

斑贝是一种类似河蚌的软体动物，原产于苏联。1988年，美洲水域首次发现斑贝的踪影，其后数年间斑贝迅速在五大湖和八大河流中扩散。它们不仅附着在管道上，还在别的贝类身上寄居，造成了严重的生态灾难。

▲ 斑贝

▲ 斑贝附满管道

中华蜜蜂之死

中华蜜蜂又称中蜂，是我国独有的蜜蜂品种。近年来，由于毁林造田、滥施农药、环境污染等因素，中华蜜蜂面临着严重的生存危机。后来，我国引入的意大利蜂等外来蜜蜂品种，更造成了中华蜜蜂大批死亡的严重后果。

中华蜜蜂消亡原因

意大利蜂等洋蜂对中华蜜蜂有很强的攻击力，且翅膀振动频率与中华蜜蜂相似，容易被中华蜜蜂误认为同类，从而顺利地进入蜂巢，杀死中华蜜蜂蜂王，而一个蜂群只有一个蜂王，这可以说是中华蜜蜂蜂群最大的生存威胁了。

▲ 中华蜜蜂蜂群

2003 年，北京市房山区建立中华蜜蜂自然保护区。2006 年，中华蜜蜂被列为国家级畜禽遗传资源保护品种。

消亡的其他原因

胡蜂是中华蜜蜂的主要天敌，它们经常成群攻入中华蜜蜂蜂巢，造成中华蜜蜂的大量死亡。除此之外，蜂螨也会引起蜜蜂的大量死亡，许多蜂种因为受到这种螨的寄生，蜂群遭受到严重损失。

▲ 胡蜂

▲ 意大利蜂

▶ 中华蜜蜂

种群现状

自 1896 年西方蜜蜂如意大利蜂被引进以来，中华蜜蜂受到了严重威胁，分布区域缩小了 75% 以上，种群数量减少 80% 以上。目前，只在云南怒江流域、四川西部、西藏还存在野生状态的中华蜜蜂。

灭绝影响

中华蜜蜂的抗寒抗敌害能力远远超过西方蜂种，一些冬季开花的植物如无中华蜜蜂授粉，必然影响生存。所以中华蜜蜂一旦完全灭绝，会使整个与之有关的植物共生生态系统发生变化。

▼ 中华蜜蜂采蜜

最后一只渡渡鸟

渡渡鸟又称毛里求斯渡渡鸟、愚鸠，是仅产于印度洋毛里求斯岛上的一种不会飞的鸟。这种鸟在被人类发现后仅仅200年的时间里，便由于人类的捕杀和人类活动的影响彻底灭绝。从此，渡渡鸟的灭绝便成为人类贪欲的象征。

名字由来

渡渡鸟的名字来源于葡萄牙语里"傻瓜"这个词。这样称呼它是因为这种鸟表现得对人类"毫无惧色"，且不会飞翔，这也使得它们很容易被那些殖民者捕食。

▼ 渡渡鸟

厄运降临

16世纪后期，带着来福枪和猎犬的欧洲人来到了毛里求斯，给不会飞又跑不快的渡渡鸟带来了厄运。他们大量捕食渡渡鸟，而他们带来的动物也把渡渡鸟的蛋作为食物，这使得渡渡鸟的数量急剧减少。

灭绝对植物的影响

渡渡鸟灭绝后，毛里求斯岛特产的一种珍贵树木——大颅榄树也丧失了生机。原来，渡渡鸟喜欢吃这种树木的果实，而这些果实只有在渡渡鸟消化其硬壳后排出体外才能够发芽。

▲ 艺术家笔下渡渡鸟的生存环境

牛津大学自然历史博物馆中曾经陈列着渡渡鸟最后一个完整的填充标本，可惜在 1755 年被馆长下令焚毁了。

灭绝的其他因素

还有科学家认为，渡渡鸟的大规模死亡与自然灾害有关。也许是接二连三的飓风，或者是洪水或海平面突然猛涨，致使这些动物最终死在了岛上。或许在人类迁徙到毛里求斯岛之前，这些灾害就已经发生了。

▼ 如今，毛里求斯岛上再也见不到渡渡鸟的身影了

北美旅鸽的悲哀

100 多年前,北美大地的上空飞翔着许多无忧无虑的旅鸽。每到迁徙的季节,大群旅鸽密密麻麻地飞在空中,遮天蔽日。可是,这种旅鸽却因为肉质鲜美、容易捕捉而遭到了人类的捕杀。在人类无情的痛剿之下,北美旅鸽迅速走向灭绝。

曾经很常见

旅鸽曾是世界上最常见的一种鸟类。据估计,过去曾有多达 50 亿只旅鸽生活在美国。它们成群结队地栖息在森林中,结成数百万只以上的大群,一棵树上往往有一百个旅鸽巢。

▼ 旅鸽

被大量食用

当欧洲人踏上北美大陆之后，旅鸽由于肉味鲜美，开始遭到他们大规模的捕猎。当时鸽肉在市场上可以轻易买到，并成为美国东部城市餐厅菜单上的一道菜。旅鸽的噩梦开始了。

在美国威斯康辛州立怀厄卢辛公园中立有一块旅鸽纪念碑，上书："该物种因人类的贪婪和自私而灭绝。"

人类的罪过

人们捕猎旅鸽的方法各种各样，无所不用其极。他们焚烧草地，或者在草根下焚烧硫黄，让飞过上空的旅鸽窒息而死，甚至坐着火车去追赶鸽群，用枪击、炮轰、放毒、网捕等方式捕杀旅鸽。

▲ 人们用枪捕猎旅鸽

▲ 旅鸽标本

最后的一只

1914年9月1日下午，最后一只人工饲养的叫"玛莎"的雌性旅鸽在美国辛辛那提动物园中死亡。后来，玛莎被制作成标本送进了国家博物馆，这标志着旅鸽在地球上彻底灭绝。

消失的大海雀

大海雀是生活在北大西洋沿岸的一种不会飞的水鸟，它们体形粗壮，腹部呈白色，头到背呈黑色，外观与企鹅很像。大海雀是海雀类中体形最大的物种，也是其中唯一不会飞的物种。如今，我们已看不见大海雀的身影。

陆地上行动缓慢

大海雀为水生鸟，可以使用翅膀在水下游泳，但不能够飞行。它在陆地上的行动也比较缓慢，这让它们很容易受到其他掠食动物和人类的伤害。

大海雀看着像企鹅，但实际上和企鹅一点关系也没有，反而与海鸦、刀嘴海雀，甚至北极海鹦存在血缘关系。

▼ 大海雀

繁殖能力极低

大海雀的繁殖能力极低，每次只产一枚卵，而且不做窝，仅产在露天的地面上，在6月份进行孵化。19世纪时，大海雀的生活方式引起了人们的好奇，那时它们的卵可以换取大笔的钱财。

▲ 大海雀的卵

人类的捕杀

大海雀灭绝的最主要原因就是人类的捕杀。16世纪，欧洲各地的探险家纷纷跨越大西洋、探寻新世界。对他们来说，不会飞的大海雀是最容易获取的美味佳肴。

▲ 大海雀捕鱼

羽毛和标本

后来，人类发现大海雀的羽毛可以被制成床垫，甚至被制成时髦的女帽。于是，成千上万只大海雀被捕获、杀害。再后来，由于人们一味地搜集动物标本，使得大海雀彻底走向灭绝。

▶ 成群的大海雀曾经是大西洋沿岸的常见景象

袋狼灭绝之谜

在澳大利亚的塔斯马尼亚岛上，曾经生活着一种长着类似狼的脑袋和类似狗的身子的动物，它们就是袋狼。袋狼的背部长着像老虎一样的黑色条纹，所以又名塔斯马尼亚虎，曾广泛分布于新几内亚热带雨林、澳大利亚草原等。

◀ 袋狼

一种奇妙的动物

袋狼是一种奇妙的动物，它们的头和牙齿像狼，身上却长着老虎一样的条纹。它们既可以像鬣狗一样用四条腿奔跑，也可以像袋鼠那样用后腿跳跃行走。和袋鼠一样，它们也是有袋类动物。

▲ 袋狼标本

曾经遍布澳大利亚

袋狼的足迹曾经遍布澳大利亚各地。5000年前，澳大利亚野犬随人类进入澳大利亚，与食性相同的袋狼发生争斗，袋狼随后就从新几内亚和澳大利亚草原渐渐消失，仅在塔斯马尼亚岛上还有。

生存危机

自从塔斯马尼亚岛上来了移民之后，袋狼的生存就出现了危机。移民把袋狼当作敌人，称它们为"杀羊魔"，并在政府的奖赏制度鼓励下进行大肆屠杀，使其近乎绝迹。

▲ 塔斯马尼亚岛上的移民

1999年，澳大利亚博物馆馆长麦克·阿契发现了一个保存在酒精中的袋狼标本，便着手从中抽取DNA的试验。

销声匿迹

当政府欲停止捕杀袋狼时，局面已变得无法挽救。1933年，有人捕获了一只袋狼，将其饲养在赫芭特动物园。1936年，该袋狼被暴晒而死，此后再没有活袋狼存在的消息。

◀ 最后一只被暴晒而死的袋狼

▲ 人捕获袋狼

海豚的眼泪

海豚科家族成员众多,是海洋哺乳动物中种类最多的一个科,在世界各地海域都有分布。海豚有着友善的形态和爱嬉闹的性格,在人类文化中一向十分受欢迎。近年来,由于人为捕杀、海洋污染等因素,海豚的生存已经变得岌岌可危。

白鳍豚是一种江豚,主要生活在我国长江中下游流域。由于长期受到人类活动的影响,白鳍豚可能已经灭绝。

捕猎活动

在东业、南亚、东南亚和非洲、南美的部分地区,猎杀海豚是千百年来不变的习俗。据统计,半数被捕的海豚在被捕后两年内死去,而它们的平均寿命也仅有 5 年。

▼ 海豚的游泳姿态十分优美

环境破坏

人类向海洋和河流倾倒各种生活垃圾、工业废水，还有各种农药和油田废物污染，让海豚的生存环境变得污浊不堪。此外，石油泄漏等重大海洋事故，更是让海豚的处境无比艰难。

▲ 海洋生活垃圾污染

▲ 中华白海豚

保护级别

1988 年 12 月 10 日，海豚科所有属种皆列入中国《国家重点保护野生动物名录》，其中中华白海豚为国家一级保护动物，其他海豚为国家二级保护动物。

种群现状

由于海豚分布极广，种类极多，科学家至今未能给出它们现存数量的确切统计数据。不过，国际自然保护联盟的一项调查结果显示，现存的海豚都不同程度地受到生存威胁，甚至面临灭顶之灾。

31

国宝大熊猫

憨态可掬的大熊猫不仅是我们再熟悉不过的国宝，也是深受全世界人民喜爱的一种动物。近年来，由于人类活动的不断加剧和越来越多的森林被砍伐，大熊猫的栖息地减少了约4/5，它们已成为高度濒危的物种。

我国国宝

大熊猫是我国特有的珍稀动物，被誉为"中国国宝"。随着我国同世界各国人民日益广泛的友好往来，大熊猫作为友好使者频频出访，轰动了全世界。许多国家以能够获得中国政府赠送的大熊猫为荣。

▼ 大熊猫

1961 年，世界自然基金会（WWF）将大熊猫作为该组织的徽标在全球广泛使用，并为世人所熟知。

▲ 大熊猫幼崽

人工繁殖

大熊猫的繁殖力很低，一般每胎只产一崽。刚生下来的幼崽小得出奇，体重只有成年大熊猫的千分之一，所以不易存活。为了改变这一现状，科学家对大熊猫进行人工繁殖，尽量使每只熊猫幼崽都能成活。

四川大熊猫栖息地

四川大熊猫栖息地位于我国四川省境内，是全球最大最完整的大熊猫栖息地，全球30%以上的野生大熊猫栖息于此。2006年，四川大熊猫栖息地被列为世界自然遗产。

▲ 秦岭大熊猫

种群现状

据调查，如今仅有不到1000只大熊猫分布于陕西秦岭南坡，甘肃、四川交界的岷山，四川的邛崃山，大、小相岭和大小凉山等六个分布区域，全国总计有30个小的种群。

◀ 大熊猫妈妈和宝宝

珍贵的金丝猴

金丝猴和大熊猫一样，是我国一级保护动物。它们常以家族形式生活在群山密林中，过着自由自在的生活。可是由于栖息地被破坏和滥捕滥杀，各种金丝猴的数量越来越少，现均已被列为濒危珍稀保护动物。

种类

金丝猴是地球上稀有的珍贵动物之一。世界上的金丝猴仅有五种，属于我国特产的有三种，它们是川金丝猴、滇金丝猴和黔金丝猴。另外两种是越南金丝猴和缅甸金丝猴。

◀ 川金丝猴

分布范围

金丝猴都分布在亚洲,其中川金丝猴、滇金丝猴、黔金丝猴分布在中国的西南山区,越南金丝猴分布在越南北部,缅甸金丝猴分布在缅甸东北部。

▲ 人们毫无节制地砍伐森林

不同种类的金丝猴毛色不同,川金丝猴毛色主要为金黄色,黔金丝猴和滇金丝猴毛色主要为黑色和灰色,缅甸金丝猴毛色主要为黑色,越南金丝猴毛色主要为黑色和奶白色。

致危因素

长期以来,森林砍伐破坏了金丝猴的栖息环境,造成它们分布范围的不连续和缩小,使它们的生存处于艰难的境地。此外,过度捕猎用于制作皮毛和药物也使它们处于岌岌可危的处境。

我国的保护区

我国的金丝猴自然保护区有周至金丝猴保护区、白河川金丝猴保护区、沿渡河金丝猴保护区、芒康滇金丝猴自然保护区等。

▼ 川金丝猴喜欢结成小群活动

"东方宝石"朱鹮

身披洁白的羽毛，头顶艳红的头冠，再加上黑色的长嘴和细长的双脚，这就是有着"东方宝石"之称的朱鹮。朱鹮曾广泛分布于东亚地区，从中国东部、日本到俄罗斯、朝鲜都可见其美丽的身影，但随着人类对自然环境的破坏，它们的栖身之地已寥寥无几。

朱鹮历来被日本皇室视为圣鸟，其拉丁学名"Nipponia Nippon"被直译为"日本的日本"。

濒危因素

除了自身繁殖能力低下和抵御天敌的能力较弱以外，生存环境的恶化和生存空间的不断收缩也是导致朱鹮濒危的主要原因。另外越来越广泛使用的农药也威胁了它们的安全。

🍀 寻找朱鹮

朱鹮曾一度消失在人们的视野中。1981年5月,中国科学院动物研究所的鸟类学家在陕西省洋县的山林中发现了两个朱鹮营巢地和7只朱鹮,其中有4只成鸟、3只幼鸟。

▲ 朱鹮飞翔时,飞羽上的红色就会显现出来,其实,朱鹮的羽毛外部是白色的

🍀 拯救行动

从1993年至2003年,我国陆续在陕西、北京等地建立了13个朱鹮保护地。此外,北京动物园还积极开展朱鹮人工繁殖的研究,成为世界上最早成功繁殖朱鹮的科研机构。

▲ 朱鹮觅食

🍀 种群现状

自1981年中国科学家在陕西省洋县发现7只野生朱鹮以来至2014年9月,中国朱鹮的种群数量已增至2000多只,其中野外种群数量突破1500只,朱鹮的分布地域已经从陕西扩大到河南、浙江等地。

▼ 洋县野生朱鹮

褐马鸡的危机

褐马鸡是我国特有的珍稀鸟类、国家一级保护动物,因通体浓褐色,羽毛披散下垂形似马鬃而得名。褐马鸡在我国境内的分布区域仅限于山西吕梁山、河北西北部等地。褐马鸡还是山西省的省鸟,中国鸟类学会更是以褐马鸡的形象作为自己的徽标。

历史上曾广泛分布

历史上褐马鸡曾在中国广泛分布,范围可能包括华北、东北、西北,甚至长江以南。其主要分布于华北的广大地区,分布区大而连续,是当时人类周围环境的一个组成部分。

◀ 褐马鸡

主要濒危因素

使褐马鸡成为濒危动物的原因有很多,但最主要的是过度猎捕、砍伐森林及放牧家畜导致其栖息地退化。此外,人类经济活动也给褐马鸡的生存带来了危机。

▲ 褐马鸡的飞行能力很弱，只能从山上向下展翅滑行

🍀 羽毛贸易

在我国封建王朝时期，人们常常为了获取褐马鸡的尾羽而猎杀它们。到了近代，由于褐马鸡的羽毛能够作为装饰品在欧州市场上高价出售，更使它们成为乱捕滥猎的对象。

🍀 建立保护区

为了保护褐马鸡这一珍贵的动物资源，我国已在山西、河北、陕西等地建立了褐马鸡自然保护区。现在，我国不少动物园和保护区内都有人工繁殖的褐马鸡，积累了许多成功繁育的经验。

▼ 褐马鸡被列入国际自然保护联盟2016年濒危物种红色名录

根据2009年文献报道，我国野生褐马鸡数量在 17900 只左右。它们也因此被列为我国国家一级保护动物。

逃命的红腹锦鸡

红腹锦鸡是我国特有的鸟类品种，主要分布于我国甘肃和陕西南部的秦岭地区。雄性红腹锦鸡羽色美丽，赤橙黄绿青蓝紫俱全，是驰名中外的观赏鸟类。目前，野生红腹锦鸡面临着多种生存威胁，已被列为我国国家二级保护动物。

▲ 雄性红腹锦鸡的羽色十分美丽

🌸 生活习性

红腹锦鸡栖息于海拔 500~2500 米的阔叶林、针阔叶混交林和林缘、疏林、灌丛地带，喜欢结成小群活动。它们常在林中边走边觅食，主要以植物的叶、花、果实和种子为食，也吃甲虫、蠕虫等虫类。

▲ 红腹锦鸡展翅滑翔

善于奔走

野生红腹锦鸡性格机警,善于奔走,一旦发现危险情况,就会在地下急速奔跑逃窜。如果遇到低矮的岩石或者小片空地,它们就会展翅滑翔而过,动作十分灵巧自如。

雄鸟和雌鸟差异大

雄性红腹锦鸡的头上长着金黄色的丝状羽冠,所以又名"金鸡"。它们除了背部呈浓绿色以外,身体其他部位多为金黄色和深红色,显得十分雍容华贵。而雌性红腹锦鸡的羽毛主要是深褐色的,不是特别起眼。

▲ 红腹锦鸡是中国特有鸟种,该物种分布的核心区域在中国甘肃和陕西南部的秦岭地区

雄性红腹锦鸡求偶时,会一边低鸣,一边绕雌鸟转圈,将全身五彩斑斓的羽毛展现在雌鸟面前。

主要威胁

野生红腹锦鸡面临的主要威胁是非法捕猎。红腹锦鸡美丽的羽毛是偷猎者的目标所在,他们每年从各产地捕杀大量的红腹锦鸡,将其制成标本出售或拔下羽毛制成工艺品出售。

岌岌可危的扬子鳄

扬子鳄是我国特有的一种鳄鱼,也是体形较小的鳄鱼品种。扬子鳄十分古老,在它们身上能找到早先恐龙类爬行动物的许多特征,所以被称为"活化石"。如今,扬子鳄的野生数量非常稀少,我国已把它列为国家一级保护动物,严禁捕杀。

分布区域

扬子鳄主要分布在我国安徽、浙江、江西等长江中下游地区。近年来,由于人类活动的影响和大量湿地被破坏,野生扬子鳄的分布范围已缩减到江西、安徽和浙江三省交界的狭小地区。

扬子鳄在陆地上捕猎食物时,能纵跳抓捕,如果抓捕不到,它们会用巨大的尾巴猛烈横扫,从而击倒对方。

▼ 在湖边休息的扬子鳄能够保持一个姿势长时间不动

濒危原因

由于栖息地环境不断被破坏，扬子鳄不得不离开洞穴，四处寻找适宜的栖息地。而这种迁移又为自然死亡和人为捕杀创造了机会。除此之外，化肥农药的使用也大大减少了扬子鳄食物的数量。

▲ 扬子鳄头部特写

▲ 保护区内的扬子鳄

世界上唯一的自然保护区

为了保护野生扬子鳄种群，我国政府在安徽宣城建立了世界上唯一的扬子鳄自然保护区——宣城扬子鳄国家级自然保护区，并设立了扬子鳄繁殖研究中心，进行人工繁殖。

保护结果

近年来，我国通过采取就地保护和人工繁殖相结合的措施，使扬子鳄的种群数量得到了较大幅度的增长，初步解除了该物种濒临灭绝的危险。

▲ 扬子鳄在水边休息

丹顶鹤的悲鸣

黑白相间的羽毛，轻盈优雅的体态，凌空而起的翩然舞姿，这就是有着"仙鹤"之称的丹顶鹤。丹顶鹤是我国一级保护动物，常成群栖息于开阔平原、湖泊、海边滩涂和河岸沼泽地带，以水中的鱼、虾、软体动物及水生植物为食。

分布区域

丹顶鹤主要分布在我国东北嫩江、松花江和乌苏里江流域，俄罗斯的远东地区和日本北海道等地也可见其踪迹。每年10月份左右，大群的丹顶鹤会来到我国江苏盐城，在这里栖息和越冬。

丹顶鹤寿命约为60年，在鸟类中算是比较长寿的。东亚地区的居民认为丹顶鹤象征着幸福、吉祥、长寿和忠贞。

▼ 丹顶鹤求偶时，常常是雌雄鸟相向和鸣、跳跃和舞蹈

▲ 丹顶鹤迁徙时，常常排成巧妙的楔形，使后面的鹤能够利用前面鹤扇翅时所产生的气流，从而进行快速、省力、持久的飞行

濒危原因

丹顶鹤需要洁净而开阔的湿地环境作为栖息地。近年来，由于人口不断增长，丹顶鹤的栖息地不断变为农田或城市，丹顶鹤的数量也越来越少。此外，屡禁不止的捡卵、偷猎行为，也使丹顶鹤的数量急剧减少。

▲ 沼泽中的丹顶鹤

自然保护区

目前，我国建立的丹顶鹤自然保护区已经超过 18 个，其中吉林向海、湖南东洞庭湖、青海湖鸟岛和江西鄱阳湖等保护区还被列入《拉姆萨尔公约》保护湿地目录。

种群现状

据有关数据，2010 年全世界的丹顶鹤总数仅有 1500 只左右，其中在我国境内越冬的有 1000 只左右。保护好丹顶鹤以及它们的生存环境已经为越来越多的人们所关注。

▲ 丹顶鹤头顶是红色的，它们的名字也由此而来

惨遭捕杀的藏羚羊

藏羚羊被称为"可可西里的骄傲"，是我国特有物种、国家一级保护动物，也是被列入《濒危野生动植物种国际贸易公约》中严禁贸易的濒危动物。可是，还是有一些人为了用它们的皮毛制成披肩出售，将它们残忍地杀害。

青藏高原上的精灵

藏羚羊主要分布于我国青藏高原地区，是活跃在这片离天最近的土地上的可爱生灵。它们在西藏无人区一代代生存和繁衍，可人类却为了自身的利益侵入了它们的领地。

藏羚羊有集群迁徙的习性，每到五六月份，雌性藏羚羊就会前往产羔地产羔，然后率领着幼崽原路返回。

▼ 青藏高原上的一小群藏羚羊

🍀偷捕滥杀

藏羚羊身上的羊绒被称为"软黄金",是制成备受皮革爱好者青睐的"沙图什"(主要是指一种用藏羚羊绒毛织成的披肩)的主要原料。但是 6 只藏羚羊才可制出一件"沙图什",这也成为藏羚羊遭到大量捕杀的主要原因之一。

▲ 一只小藏羚羊

▲ 2016 年国际自然保护联盟将藏羚羊的受威胁程度由濒危降为近危

🍀保护措施

为了保护藏羚羊和其他青藏高原特有的珍稀动物,我国先后成立了羌塘、可可西里、三江源等自然保护区,严厉打击非法捕杀藏羚羊的犯罪活动,加强法制宣传和执法力度,使藏羚羊的种群数量有所增加。

🍀保护效果

近年来,由于生态环境的改善和武装盗猎活动的减少,保护区内新生小羚羊的成活率有所提高,藏羚羊的种群数目增长较快,到 2014 年数量已近 30 万只。

艰难求存的麋鹿

麋鹿因为头像马、角像鹿、身像驴、蹄像牛，因此又被称为"四不像"。历史上，它们的分布区域西至山西的汾河流域，北至辽宁的康平，南到浙江余姚，东到沿海平原及岛屿。商周以后，由于自然环境的改变及人类活动的影响，野生麋鹿种群迅速衰落。

2010年，麋鹿和大熊猫作为中华国宝共同"入住"了上海世博会世界自然基金会展区，并引来众多游客的关注。

绝迹中原

麋鹿是我国特有的物种。汉朝时，由于自然气候和人为因素，野生麋鹿近乎绝种。元朝时，残余的麋鹿被运送到皇家猎苑内饲养。到了清朝，这些麋鹿又被英法等国掠走。麋鹿在中国灭绝了。

▼ 麋鹿性格温和，喜欢结成小群活动

▲ 麋鹿十分喜爱温暖湿润的沼泽水域，甚至喜欢接触海水、取食海藻

🍀 濒危原因

人类活动的干扰是麋鹿走向野外灭绝的决定因素。人口增长和农业的发展，侵占了麋鹿的生活地域。而人类为了自身利益的滥捕滥杀，也严重威胁了麋鹿的生存。

🍀 回归家乡

我国一直希望麋鹿能够重返家园。1986年8月14日，在世界自然基金会和中国林业部的共同努力下，来自英国7家动物园的39头麋鹿返回故乡——江苏大丰，放养在大丰麋鹿保护区内。

▲ 雄性麋鹿之间为争夺配偶会发生角斗，但通常不会发生激烈冲撞

🍀 种群现状

目前，我国已在北京、江苏省大丰市、湖北省石首市等地建立了麋鹿自然保护区。其中，面积达117万亩的江苏大丰麋鹿保护区，拥有世界上最大的麋鹿种群，约占世界麋鹿数量的28%。

大象的灾难

大象有亚洲象和非洲象两种。亚洲象的体形较小，耳朵小而圆，性情温顺善良，容易受人驯化。非洲象的体形较大，耳朵也比亚洲象的大，性情暴躁，会主动攻击其他动物。由于非法象牙贸易的存在，这两种动物都面临着极大的生存威胁。

▲ 亚洲象

亚洲象分布区域现状

亚洲象主要分布在印度、斯里兰卡、孟加拉、缅甸、泰国、老挝、越南、柬埔寨和马来西亚等国家。我国的野生象仅分布于云南省南部与缅甸、老挝相邻的边境地区，数量十分稀少。

🍀非洲象分布区域现状

历史上，非洲象居住在撒哈拉沙漠以南地区。近年来，由于人类侵犯和农业用地的不断扩张，非洲象的栖息地仅限于国家公园和保护区的森林、矮树丛和稀树大草原。

◀ 非洲象

🍀罪恶的象牙贸易

从20世纪70年代开始，象牙的价格就在不断地上涨。因此，一些人把象牙看成是"令人垂涎的白金"，把偷猎象牙看成是"发财致富的捷径"，这使得大量的大象被捕杀。

雌性亚洲象没有象牙，只有雄性亚洲象长有象牙。而非洲象不论是雌性还是雄性都长有象牙。

🍀保护大象

目前，大象已经被列为世界十大最受贸易活动威胁的物种之一。为了保护濒危大象，肯尼亚等国曾呼吁能够对象牙贸易实施20年的禁令，遏制象牙非法交易，严惩偷猎行为，防止大象灭绝。

▼ 象群数量和规模大小不一，每群数头、数十头不等

紫貂在求救

紫貂是一种特产于亚洲北部的貂属动物，主要分布于乌拉尔山、西伯利亚、蒙古、中国东北以及日本北海道等地。紫貂全身披覆着棕褐色的美丽皮毛，可正是因为这身华丽的"衣装"，它们遭到人类的无情捕杀。目前，我国已将紫貂列为国家一级保护动物。

▲ 紫貂

生活习性

紫貂在白天活动和猎食，通过嗅觉和听觉猎取小型猎物，有时也吃浆果和松果。它们大多在森林的地面上筑巢，在天气恶劣或遭遇捕杀时，它们会躲在巢穴中，甚至将食物储藏在里面。

种群数量

紫貂的繁殖力不算太强，加上人类长期大量的猎捕，以及大面积采伐森林和喷洒鼠药所造成的污染，紫貂的数量锐减。据统计，目前我国野外紫貂总数仅有1000多只，已经濒临灭绝。

🍀 濒危原因

近年来，由于貂皮需求的增加和貂皮价格的提高，许多人在金钱利益的驱使下大量捕杀紫貂，以获取其珍贵的毛皮。这是引起该物种濒危的最主要原因。

▲ 人类捕杀紫貂获得的貂皮

◀ 中国野生动物保护法已将紫貂列为国家一级保护动物

由于貂皮价格较高，一些不法分子为了谋取高额利润，就采用伪报品名、低报价格、夹藏等手法进行走私。

🍀 保护措施

目前，保护紫貂的措施有：第一，严格执法。因为貂皮价格很高，紫貂极易遭到盗猎，所以严格执法尤为重要。第二，加强对其栖息地的保护。在紫貂资源较丰富的地区管理条例中列入紫貂专项管理计划，以保证该种群的恢复。

北极动物的悲歌

与南极大陆不同,北极的生命活动非常活跃。北极狐、北极狼在苔原草甸上巡游,海豹、海象、北极熊等动物在广阔的北冰洋中嬉戏。可是,由于全球气温升高、污染、偷猎等因素,北极动物的生存已变得越来越艰难。

▲ 晒干的北极熊皮

偷捕偷猎

生活在北极的因纽特人每年都会捕杀少量的北极熊,不仅食用它们的肉,还用它们的毛皮制衣。同样因为偷猎而面临着濒危境地的还有北极狼,每年至少有200只北极狼被杀。

北极浮冰融化

由于全球气温的升高,北极的浮冰逐渐开始融化,北极熊昔日的家园已遭到一定程度的破坏,猎物也相应减少。另外,日益开阔的海面也增加了它们溺亡的危险。

▼ 站在浮冰上的北极熊

污染和垃圾

由于人类采伐树木、肆意排放污染物和垃圾，北极狼等动物失去了居住的地方。除此之外，极寒水域海上石油开发、油轮及货船的增加，也会干扰北极动物的捕食及繁衍。

北极熊可以用前脚掌当"桨"，在水中游泳，而宽大的后脚掌则用于在冰面上和雪地里行走。

北极狼保护区

北极狼保护区是一个位于美国俄勒冈州的自然保护区。保护区内的北极狼均为获救的受伤、有缺陷或被弃的北极狼。据统计，目前全球只有约 1 万只北极狼。

▲ 北极狼

北极熊国际公约

1973 年，北极圈内的国家，包括美国、加拿大、挪威、丹麦和苏联等国共同签署了保护北极熊的国际公约。公约除了限制捕杀北极熊和北极熊制品贸易以外，还进一步提出了保护其栖息地以及合作研究的条款。

▼ 北极熊

 # 雪豹的嘶吼

　　雪豹是一种非常美丽但濒临灭绝的猫科动物，因终年生活在高山雪线附近而得名。大自然赐予雪豹美丽的皮毛，可恰恰因为这些斑斓的"衣装"，它们成为人类贪欲的无辜牺牲品。作为地球的管理者，人类对它们造成的伤害又该负怎样的责任？

🍀 分布区域

　　雪豹是中亚和南亚山地的特产，分布于哈萨克斯坦、巴基斯坦、蒙古、阿富汗、印度北部、尼泊尔等，以及中国的西藏、新疆、青海、甘肃、宁夏、内蒙古等地的高山地区。

▲ 雪豹

🍀 濒危原因

　　人类活动及经济开发致使雪豹的生存空间缩小。此外，偷猎者为了获取雪豹的皮毛和可入药的骨头，也费尽心思捕杀它们。这使得雪豹的数量急剧减少，成为濒危物种。

🍀 雪豹现状

由于雪豹行踪隐蔽，栖息地海拔高，迄今为止人们对它们的生存状况所知甚少。基于有限的数据估计，全世界雪豹在野外仅存4000~7000只。其中，中国拥有的雪豹数量约占世界的40%左右。

雪豹终年生活在高山陡峭的悬崖地带，前肢主要用于攀爬，所以十分发达，这也是它们与平原豹的不同之处。

🍀 保护雪豹

《濒危野生动植物种国际贸易公约》将雪豹列为附录I物种，禁止其制品的国际贸易。我国将雪豹列为国家一级保护动物，并相继建立了一批自然保护区，如甘肃东大山保护区、新疆塔什库尔干保护区等。

▲ 雪豹是夜行性的动物，白天在巢穴中休息

山地大猩猩的呼号

山地大猩猩是生活在非洲中部的一种濒危动物，目前全球只有几百只。粗鲁的面孔和巨大的身材让山地大猩猩看起来十分吓人，但实际上，它们是非常温和的草食性动物。目前，由于失去栖息地、捕猎、感染疾病及战争的侵扰，它们正面临着灭绝的高度危险。

▲ 山地大猩猩的手指和人类的很像

❀ 遭到猎杀

山地大猩猩一般不会被作为人类食物而被杀，但它们往往被对付其他动物的陷阱所杀死。此外，收藏家喜欢收藏它们的头、手掌及脚掌，猩猩婴儿也会被卖给动物园、研究人员及饲养者。一些族群甚至因为吃了农作物而被杀。

❀ 失去森林

山地大猩猩所居住的森林已经被人类包围。人类获取土地、食物的活动侵犯了它们的栖息地，砍伐树林限制了它们的活动区域。

🍀 感染疾病

人类与大猩猩在基因上相似，所以山地大猩猩也会感染人类的疾病。但是山地大猩猩没有免疫力对抗这些疾病，感染会对它们造成严重的影响。那些生活在游客出没地区的族群面临的风险更大。

山地大猩猩的毛比其他大猩猩长、黑，所以能够在高海拔的森林中生存。它们每晚都会在树上筑巢。

🍀 濒危现状

2003 年的研究数据表明，自 1989 年以来，山地大猩猩的数量上升了 17%，但仍属于极度濒危的物种之一。维龙加山脉的 30 个族群仅有 380 头山地大猩猩，布温迪森林约有 320 头。

▼ 山地大猩猩

中国老虎的命运

我国境内曾广泛分布着华南虎、东北虎等野生虎种。到了20世纪，由于捕猎和砍伐森林等活动，我国境内的野生虎面临着严重的生存危机，种群数量急剧减少，处于极度濒危甚至已经灭绝的境地。

华南虎的悲剧

由于栖息地不断遭到破坏，以及非法猎杀的加剧，野生华南虎的数目迅猛下降。到20世纪80年代，野生华南虎的数量已经少得可怜，据统计，数目不超过百只。

▲ 华南虎

🍀 东北虎的命运

和华南虎遭受同样命运的还有分布于我国东北部的东北虎。近年来,由于栖息地被破坏与偷猎活动,野生东北虎在我国境内只有 20 只左右,属于极度濒危物种。

▲ 小东北虎

为了增加华南虎的种群数量,我国政府将人工培育的华南虎运往南美洲进行野化训练,之后再重新引进回国。

🍀 东北虎保护现状

为了增加东北虎的种群数量,我国政府分别在 20 世纪 70 年代和 80 年代建立了长白山国家级自然保护区和黑龙江七星砬子自然保护区,对其栖息地进行保护。

◀ 1957 年,中国科学院动物研究所的野外调查表明,东北虎在我国的数量已不足 200 只

🍀 追踪华南虎

我国调查队一直对华南虎进行观察和追踪,但直到 2009 年为止,没有发现有野生华南虎的身影。根据专家的调查结果,野生华南虎存在的可能性已经微乎其微,基本认定为已灭绝。

保护鲸类

鲸类家族成员众多,总体上可分为须鲸和齿鲸两大类,世界上最大的动物——蓝鲸就属于须鲸。由于海洋环境恶化和人类的大量捕杀,鲸类成员特别是一些大型成员由于经济价值高而受到广泛捕猎,许多鲸类正濒临灭绝。

大量捕杀

由于许多鲸类的皮下油脂是贵重的工业原料,可以用来制作肥皂、香水等,因此遭到了捕鲸人的大量捕杀。此外,鲸肉经加工后可供人类食用,骨粉可用作肥料,这也造成了一部分鲸类被捕杀。

▲ 人把鲸类拖到甲板上

国际捕鲸委员会于1979年和1994年建立了印度洋鲸类保护区和南大洋鲸类保护区,对鲸类进行栖息地的保护。

▲ 捕鲸船

捕鲸船

捕鲸船是一种专门用于捕鲸、加工鲸的船。船上装有水下声呐及捕鲸炮，因此能捕捉到大量的鲸。近年来，由于鲸类资源严重衰退，世界上已很少建造捕鲸船。

保护措施

目前，人们采取的保护鲸类的措施有：第一，禁止任何捕鲸活动，建立行之有效的国际法规；第二，竭力减少海洋生态污染，还鲸类良好的生存环境；第三，在鲸类生存密集的区域设立保护海域，禁止船只进入，保证鲸类的自然生息。

▲ 被捕上岸的鲸类

国际捕鲸委员会

1948年，国际捕鲸委员会（IWC）成立，加入国际捕鲸委员会的会员必须承认《国际捕鲸管制公约》。我国也是会员国之一。

拒绝鱼翅

鱼翅又称鲛鱼翅、鲛鲨翅，是由鲨鱼的胸、腹、尾等处的鳍翅干燥制成的。传统观念认为，鱼翅的蛋白质含量很高，但这是错误的，鸡蛋的蛋白质含量远远超过鱼翅。据统计，全球每年被捕杀的鲨鱼数目超过 100 万条，鲨鱼面临着灭绝的风险。

被捕鲨鱼无法存活

鱼翅价格不断提高，驱使着各地渔民争相在海中捕杀鲨鱼，致使部分种类的鲨鱼濒危。由于鲨鱼肉经济价值很低，所以渔民割掉鱼鳍后，会将鲨鱼抛回海中。这些鲨鱼并不会立刻死亡，但会因失去游弋能力窒息而死。

最大的鲨鱼是鲸鲨，它全长可达 20 米，体重 10000~15000 千克。它的牙齿是鲨鱼中最小的，主要以浮游生物为食。

🍀 吃鱼翅可能危害身体健康

因为工业废水不断被排入海洋，使得海水中汞、铅等重金属含量较高，鲨鱼吞食了其他鱼类后，体内的重金属会越来越多，所以人类食用鱼翅会对自身健康造成威胁。

▲ 人捕杀鲨鱼

🍀 捕鲨扰乱海洋生态平衡

鲨鱼处于海洋食物链的顶端，大量捕杀鲨鱼，会导致大量中小型鱼类因失去天敌而数量暴增，从而严重打乱整个海洋生态平衡。

🍀 禁捕法令

一些禁止捕鲨的法律已经获得通过，不过对公海上的捕猎行为还约束甚少。国际渔业组织也在筹划制定在大西洋和地中海上禁捕鲨鱼的协议，但是对太平洋和印度洋还没有相应的禁捕计划。

▼ 鲨鱼的种类很多，到目前为止，人们能分辨出的鲨鱼种类至少有440种

餐桌上的濒危动物

　　近几年,不吃野味、保护野生动物的呼声比以前高了许多。滥食野生动物不仅造成野生动物种群急剧减少,还会对整个生态系统造成破坏,最终会危害到人类自身。所以,拒食野味不只是保护野生动物,更是保护我们自己。

保护野生动物栖息地

　　每种野生动物都有它们天然的栖息环境,保证着它们的生息繁衍。如果这种栖息环境遭到破坏,动物的自然存续就会面临危机,即使没有人类捕食,也难以生存。

◀ 熊科动物的脚掌富含脂肪和粗蛋白质,这导致大量棕熊被猎杀。2013 年 5 月 22 日,满洲里海关破获全国数量最大的一起熊掌走私案,查获 213 只熊掌

🍀 提高保护野生动物认识

野生动物保护点多面广,需要全社会提高对保护野生动物的认识水平。目前,野生动物经营可得暴利,巨大的利益使人趋之若鹜,但是保护野生动物的措施却没有跟上。

▲ 野猪已被列入我国《国家保护的有益的或者有重要经济、科学研究价值的陆生野生动物名录》

人工投喂野生动物、人为建设野生动物园也会影响野生动物的生态功能,而这些都是以人为中心的保护观念。

🍀 过度捕杀野生动物危及人类自身

过度捕杀野生动物将危及人类自身,因为每种动物都有它存在于自然界的生态地位和生态功能,与我们一样共同享有地球家园。所以从广义上说,保护野生动物就是保护人类家园,也是保护人类自己。

▼ 这些年,青蛙也被人类大肆捕杀,做成各种美味佳肴

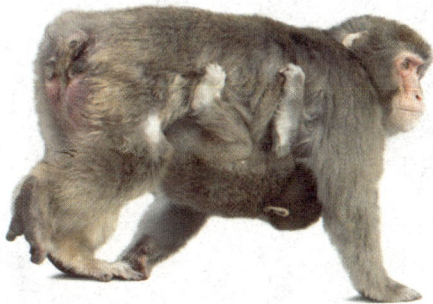

◀ 猕猴被列入中国《国家重点保护野生动物名录》国家二级保护动物,但仍有人吃猕猴

🍀 野生动物保护法的有关规定

《中华人民共和国野生动物保护法》规定:禁止生产、经营使用国家重点保护野生动物及其制品制作的食品,或者使用没有合法来源证明的非国家重点保护野生动物及其制品制作的食品。

穿山甲走私案

穿山甲是一类从头到尾披覆鳞片的食蚁动物，分布在非洲和亚洲各地。近年来，穿山甲在亚洲被大量捕杀，作为食物及传统药物，这使得该物种在原栖息地大幅减少，甚至濒临灭绝。我国已明令禁止捕杀和食用穿山甲。

▲ 穿山甲遇敌时会将身体蜷缩成球状

走私通道

从 20 世纪 90 年代开始，我国东南沿海和东南亚接壤的边境地带一直存在着穿山甲的走私通道。中国警方每年都会破获大量的穿山甲走私案。近几年，水路成为走私穿山甲的主要通道。

🍀 物种现状

由于缺乏相应的基础调查，中国大多数地区并不清楚本地有多少只穿山甲。而且穿山甲的繁殖比较缓慢，每年一胎，每次通常只产一崽，因此在遭到大肆捕杀后极易灭绝。

2016 年 7 月 15 日，广州海关查获走私进口的冷冻穿山甲 1194 千克，其中最重的一只重达 9.6 千克。

▲ 印度穿山甲

🍀 我国相关法律

1989 年，穿山甲列入我国《国家重点保护野生动物名录》国家二级保护动物，禁止捕杀和食用。

◀ 穿山甲的野外数量十分稀少

🍀 国际相关规定

目前，世界上多个国家及地区均禁止穿山甲出口及贸易，包括孟加拉、印度、老挝、缅甸、尼泊尔、泰国及越南等。《濒危野生动植物种国际贸易公约》也于 2002 年规定禁止任何穿山甲的国际贸易活动。

保护动物的家园

随着科学技术的发展，人口的增加，人类活动空间的扩大，人类正在一步步逼近野生动物，蚕食它们的领地。这导致许多物种失去赖以为生的家——野生环境，沦落到灭绝或濒临灭绝的境地，而且这种事态仍在持续着。

许多动物无"家"可归

热带国家中，已有一大半国家的半壁江山失去野生环境。森林被砍伐，湿地被排干，草原被翻垦，珊瑚礁遭毁坏，曾经的家园不复存在，许多动物变得无"家"可归。

马达加斯加岛上的狐猴类有60多种。自人类登岛后，已有90%的原始森林消失，狐猴面临着快速灭绝的危险。

▼ 生存在湿地的鸟类

▲ 工业废水造成的河流污染

🍀 动物家园被污染

人类的许多行为都对动物的家园造成了污染:肆意排放工业废水,随意丢弃固体垃圾,农业化肥和药物的不合理使用……这些行为都对动物的生存造成了严重的影响。

▲ 爬行动物大鲵属国家二级保护动物

🍀 两栖爬行动物消失

科学家发现,对环境质量高度敏感的两栖爬行动物正在大范围消失。温度的升高、紫外光的增强、栖息地的分割、化学物质的横溢,已使蝉噪蛙鸣成为儿时的记忆。

🍀 萤火虫消亡

随着世界范围的工业化和城市化进程的加快,以及水污染造成的环境恶化,萤火虫的生存环境遭到了严重的破坏,种群数量急剧下降,部分萤火虫种类可能正濒临灭绝。

▲ 萤火虫

农药和杀虫剂的危害

　　随着科技的发展，人类可以使用形形色色的杀虫剂和农药，有效地杀死那些危害农作物的害虫。但是，一些含有剧毒的农药也开始渗入土壤，进入农作物中，并通过食物链转移到其他动物和人类体内，造成极其严重的危害。

什么是农药

　　农药是为了保障或者促进农作物成长所施用的杀虫、除草等多种药物的统称。这些药物具有或强或弱的毒性，不仅会杀死害虫，也会杀死其他生物，对人体也有一定的危害。

▼ 给农作物喷洒农药

▲ 蚯蚓

农药对益虫、益鸟的危害

绝大多数农药是无选择地杀伤各种生物的,其中包括对人们有益的生物,如青蛙、蜜蜂、鸟类和蚯蚓等。这些益虫、益鸟的减少或灭绝,会导致害虫数量大量增加,从而严重影响农业生产。

农药对野生动物的危害

野生动物吃了沾有农药的食物,会造成急性或慢性中毒。而且,农药会影响它们的繁殖能力,如很多鸟类由于受到农药影响,产蛋的重量减轻和蛋壳变薄,极容易破碎。

据统计,全世界每年使用上亿千克农药,但实际发挥效能的仅有1%,其余都散逸于土壤、空气及水体之中。

▲ 未洗净的蔬菜上也有农药

农药对人类的危害

农药和杀虫剂是不会轻易进入人体的,但是,人类一旦食用残留农药的粮食和蔬菜,或被杀虫剂污染的牲畜和家禽制品,就会使毒素进入体内,从而对健康造成危害。

73

拖网渔船捕捞的危害

随着世界人口的快速膨胀和对鱼类食物需求的增加，人们开始向鱼类展开大规模的进攻，而现代捕鱼技术的进步更让捕鱼业如虎添翼，加剧了人类的滥渔滥捕。在捕鱼业中，对鱼类构成巨大威胁的生产工具首推拖网渔船。

什么是拖网渔船

拖网渔船是利用专门的拖拽网具捕捞海水中、下层鱼类或甲壳类动物的专用渔船，通俗地说，就是拖着网在海里捕鱼的渔船。由于它的打捞力度较大，所以打捞之后，一般要进入休渔期。

19世纪末，西欧首先研制出了机动拖网渔船。我国于1912年自行建造了第一艘钢质拖网渔船。

▼ 拖网渔船

🍀 破坏海洋生物多样性

由于拖网渔船捕捞经常是大鱼小鱼一网打尽，缺乏选择性，因此很容易捕捉到多种多样且数量巨大的海洋生物，其中还包括一些濒危物种，如海龟，这已成为拖网捕鱼最受关注的一个问题。

▲ 拖网渔船示意图

🍀 破坏海洋生态环境

当拖网渔船拖着巨大的渔网扫过海底时，不仅会给那些深海生物带来灭顶之灾，还会对海洋生态环境造成极大破坏。有关专家急切呼吁，在海底变成沙漠之前，必须停止拖网渔船捕捞。

▲ 渔船捕到的鱼

🍀 破坏底栖生物栖息地

拖网渔船在将底栖生物拖捕进网的同时，还会将海底那些富含大量营养物质的底泥连带破坏，破坏了底栖生物赖以生存的环境。

▼ 海底生物生活环境

自然保护区

那些生长在野外,处于濒危境地的动物,如今在其原有的大多数分布区已经难觅踪迹,只能在个别原分布区或是自然保护区内才能见到。正因为如此,全世界自然保护区的数量和面积不断增加,并成为一个国家文明与进步的象征之一。

什么是自然保护区

自然保护区又称"自然禁伐禁猎区",是一些珍贵、稀有的动植物种群的集中分布区,以及某些饲养动物和栽培植物野生近缘种的集中产地,是具有典型性或特殊性的生态系统。

▼ 恩戈罗恩戈罗自然保护区

▲ 纳库鲁湖国家公园的火烈鸟群

建立自然保护区的必要性

随着世界上人口的增加和技术的进步,自然资源和自然环境承受的压力越来越大,遭到的破坏也越来越严重。因此,建立自然保护区是一件很有必要而且迫在眉睫的事。

国际上一般把1872年经美国政府批准建立的第一个国家公园——黄石国家公园看作是世界上最早的自然保护区。

自然保护区的作用

自然保护区在涵养水源、改善环境和保持生态平衡等方面发挥着重要作用。同时,它还是进行科学研究的天然实验室和宣传教育的活的自然博物馆,自然保护区中的部分地域还可以开展旅游活动。

我国的自然保护区

我国自然保护区可分为生态系统类、野生生物类和自然遗迹类三类。其中,野生生物类自然保护区保护的是珍稀的野生动植物,如黑龙江扎龙自然保护区,保护以丹顶鹤为主的珍贵水禽。

▲ 黑龙江扎龙自然保护区的丹顶鹤

保护雨林动物

雨林是雨量甚多的生物区系,依位置不同可以分为热带雨林、亚热带雨林和温带雨林等。雨林中湿润的环境保证了植物的快速生产。同时,植物也为雨林中成千上万种动物提供了食物和庇护所。目前,由于乱砍滥伐等人为原因,雨林中的动物正面临着高度的危机。

雨林动物的灭顶之灾

近一个世纪以来,由于乱砍滥伐,世界热带森林面积锐减。非洲的森林覆盖率从上个世纪初的 60% 减少到目前的 10%,南美洲热带雨林的大部分已经消失,这对雨林中的动物来说无疑是灭顶之灾。

▶ 鹦鹉主要分布于热带森林中,被列入国际自然保护联盟濒危物种红色名录

🌸 保护生物多样性

在漫长的生物进化史中，雨林成为地球上繁衍物种最多、保护时间最长的场所。它是多种动植物的栖息地，是地球生物最为活跃的区域，所以保护雨林就意味着保护生物多样性。

▲ 蟒蛇栖居于热带、亚热带低山丛林中，被列入国际自然保护联盟 2012 年濒危物种红色名录

🌸 保护雨林濒危动物

随着人类活动范围的扩大，森林面积的减少，雨林中的一些动物已经走到了灭亡的边缘，如果人类仍然不采取保护行动，这些动物可能会永远消失。

亚马孙雨林是全球最大的热带雨林，聚集了上万种植物、两千多种鸟类和哺乳动物，被称为"世界动植物王国"。

🌸 西双版纳自然保护区

西双版纳热带雨林自然保护区位于云南省南部西双版纳傣族自治州，是世界上唯一保存完好、连片大面积的热带森林，深受国内外瞩目。

▲ 绿孔雀在我国主要发现于云南和西藏地区，数量稀少，被列为中国国家一级保护动物

保护田野动物

近年来,由于环境污染、气候变化、外来物种入侵等原因,青蛙、蛇、猫头鹰等田野动物在全世界范围内迅速减少。此外,人类活动的扩张也使田野动物的栖息空间不断缩小,目前人们已经很少能在森林和沼泽中见到青蛙了。

▲ 青蛙常栖息于河流、池塘和稻田等处,爱吃小昆虫,是田野里的捕虫能手,但因肉质细嫩、营养价值高而被人类大量捕杀

田野动物的家园被毁

田野动物在全世界迅速地减少,主要是由环境污染造成的。由于人类活动和全球工业的急剧发展,一些化学污染物被肆意排入河流和水稻田,田野动物的生存环境遭到了极大破坏。

▲ 蝌蚪

田野动物的健康受损

某些化学污染物的降解速度很慢，会在水中不断地富集，这会对水生生物造成极大的毒害，特别是损伤蝌蚪大脑的中枢神经系统。

保护濒危田野动物

一般而言，某种化学污染物的浓度越高，对生物的毒害就越大。对于青蛙等两栖类动物，化学品常会导致其发育滞缓，而发育滞缓又将导致其难于逃脱捕食者的攻击，甚至濒临灭绝。

研究发现，一种名叫三苯基锡的农用杀菌剂会对水生生物造成极大的伤害，特别是会导致青蛙发生畸变甚至死亡。

人为捕杀

一些田野动物由于肉可吃、皮可用而成为人类捕杀的对象。例如，蛇肉被以数百元一斤的高价出售，巨大的利润吸引了不少商贩，他们在野外疯狂地捕杀蛇类。

▼ 大部分蛇是陆生动物，但也有些蛇是半水栖和水栖的

世界各国的努力

在清楚地知道动物濒危的原因之后，我们所能做的就是竭尽全力挽救每一种濒危动物。为此，世界各国政府、国际组织、社会团体都想尽办法，调动大量人力、物力和财力，来完成这一使命。希望在不久的将来，这些濒危物种能够摆脱灭绝的厄运。

全力恢复生态环境

保护动物物种的首要任务就是全力恢复野生动物的生存环境，还它们一片良好的栖息地。同时，各国应该广泛地建立自然保护区和国家公园，防止野生动物遭到过度捕杀。

▼ 萨加玛塔国家公园位于珠穆朗玛峰南麓，是联合国教科文组织公布的首批自然遗产之一

建立遗传基因库

建立遗传基因库是一个可行并且已经初见成效的保护手段。随着生物技术的发展，人类不仅可能使用这些基因样本克隆出这一物种，而且还可能克隆出由其进化而来的其他近亲物种。

▲ 班夫国家公园是加拿大历史最悠久的国家公园

国际上已将对野生物种资源的占有情况作为衡量一国国力的重要指标之一，因此各国都加紧了对物种的保护。

制定有针对性的保护策略

虽然同属于濒危物种，但是不同的种群、各异的生存环境、所面临威胁程度上的差异等等，都决定了在实施保护时，要具体问题具体分析，制定切实有效的保护策略。

国际交流与合作

要保护好动物物种，完善国际相关保护法律、进一步加强国际交流与合作非常重要。世界各国只有协商制定共同遵守的国际公约，才能将物种保护工作持久地坚持下去。

▼ 塞伦盖蒂国家公园是坦桑尼亚的一个大型国家公园，位于塞伦盖蒂地区，因每年超过150万只白尾角马或斑纹角马和约25万只斑马的迁徙而闻名

我们能做些什么

　　保护动物、拯救濒危野生物种，是政府的事，是专业工作者的事，也是我们每一个人应该做的事。现在人类的许多不文明行为对动物造成了伤害，保护动物不仅需要人类对自己的不良行为进行约束，还要真正从心底爱护它们、保护它们。

不购买野生动物制品

　　不穿野兽皮毛服装，因为每张皮的背后都有一桩谋杀案。不购买野生动物制品，否则你就是间接的屠杀者。只有我们每一个人都能做到这一点，伤害野生动物的行为才会彻底消失。

◀ 海豹皮大衣

　　10月4日是"世界动物日"，每年许多国家都会组织有关活动，呼吁人们保护动物，关爱动物。

不虐待动物

动物也有尊严，我们不能虐待它们，折磨它们，乘其不备惊吓它们。我们应该让它们感受到人类的友善，让它们知道我们是它们的朋友，而不是敌人。

▲ 禁止猎杀野生动物

▲ 鸟巢

不破坏动物的巢穴

家是温馨的港湾，人类爱家，动物也一样爱自己的家园。家是它们奔波劳累后的归宿，是给它们挡风遮雨的安乐窝。我们要保护动物，就不要毁坏它们的家园。

用宣传的形式来保护动物

我们通过宣传的形式来向大家展示野生动物对人类的重要性，引导人们保护野生动物。这样一来，保护动物的意识就会在人们的心中生根发芽。

▶ 爱护小动物

中国野生动物保护协会

中国野生动物保护协会是由野生动物保护管理、科研教育、驯养繁殖、自然保护区工作者和广大野生动物爱好者组成的非营利性社会团体,其宗旨是推动中国野生动物保护事业的发展,为保护、拯救濒危、珍稀动物做出贡献。

▶ 金丝猴最早生活在中国的四川、陕西、甘肃等地

多年来,中国野生动物保护协会通过组织募捐活动,为拯救朱鹮、丹顶鹤等濒危野生动物筹募资金。

🍀 发展历程

中国野生动物保护协会是一个具有广泛代表性的野生动物保护组织,它于1983年12月在北京成立。到2017年年底,在全国建立了832个基层野生动物保护协会,拥有41万多名会员。

🍀 主要任务

中国野生动物保护协会的主要任务是：组织会员贯彻国家保护野生动物的方针、政策、法律，开展拯救和保护珍稀野生动物的宣传教育，开展保护野生动物的科学研究，筹募保护野生动物的资金等。

▲ 东北虎

◀ 朱鹮

🍀 主要活动

中国野生动物保护协会自成立以来，通过"爱鸟周""野生动物宣传月"等宣传教育、科技交流活动，在普遍提高全民自然保护意识、普及科学知识、增强法制观念等方面发挥了重要作用。

🍀 友好交流

中国野生动物保护协会在致力于推动中国野生动物保护事业发展的同时，将进一步寻求同各国和国际野生动物保护组织的友好往来及技术交流。

▶ 为促进国际间的文化交流，中国野生动物保护协会组织中国珍贵动物大熊猫、金丝猴先后到美国、加拿大、爱尔兰、比利时、新加坡、日本等国家展出。1984年，中国野生动物保护协会被国际自然保护联盟接纳为非政府组织成员

世界动物保护协会

世界动物保护协会是被联合国认可的国际动物福利组织，在全世界范围内提高动物福利水平是它的主要工作。成立 30 余年来，它致力于动物保护事业，活跃在全球 50 多个国家，积极推动动物保护实践。

▲ 在某些水族馆里，用于表演的海豚并没有得到妥善的照顾

发展历程

1981 年，世界动物保护联盟与国际动物保护协会合并，成立了世界动物保护协会。它的总部设在伦敦，办公机构分布在世界各地，数百位动物保护专家分布在 100 多个国家。

主要信念

世界动物保护协会关心各种动物的每一个个体的安宁，其信念是所有动物的基本需要都应当得到尊重和保护。协会通过在全世界开展实地项目、教育活动和与政府对话，来保护这些动物的需要。

▲ 世界动物保护协会标志

▲ 由于人类的疏忽，许多宠物猫沦落成了流浪猫

主要职责

世界动物保护协会的主要职责是推动对动物的保护，防止残酷对待动物的行为，同时推动法律权力机构为动物提供法律上的保护。

领导地位

作为国际上具有领导地位的动物福利组织，世界动物保护协会和遍布世界的专家组织开展各类动物保护项目和活动，确保动物福利原则被全世界理解和尊重。

在国际上，世界动物保护协会拥有联合国的全面咨商地位，确保将动物保护纳入全球亟须解决的议题之中，呼吁人们保护动物。

▲ 在亚洲各地的游览胜地，成千上万的大象被用来招揽游客。大象保护联盟呼吁大家不参与大象骑乘、不观看大象表演

WORLD
ANIMAL
PROTECTION

绿色家园—环保从我做起
拯救濒危动物